玩转打孔器
100 款卡

U0203713

廖振宇　陈谊真　著

河南科学技术出版社

·郑州·

图书在版编目（CIP）数据

玩转打孔器：100款卡片轻松做 /廖振宇，陈谊真著. —郑州：河南科学技术出版社，2015.5

ISBN 978-7-5349-7727-5

Ⅰ.①玩… Ⅱ.①廖… ②陈… Ⅲ.①手工艺品-制作 Ⅳ.①TS973.5

中国版本图书馆CIP数据核字（2015）第067460号

出版发行：河南科学技术出版社

地址：郑州市经五路66号　邮编：450002

电话：（0371）65737028　65788613

网址：www.hnstp.cn

策划编辑：刘　欣

责任编辑：刘　欣

责任校对：张小玲

封面设计：张　伟

责任印制：张艳芳

印　　刷：北京盛通印刷股份有限公司

经　　销：全国新华书店

幅面尺寸：190 mm×260 mm　　印张：5.5　　字数：100千字

版　　次：2015年5月第1版　　2015年5月第1次印刷

定　　价：29.00元

目 录

67

14

17

25

32

Contents

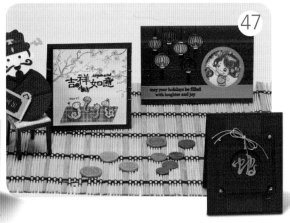

【打孔器的种类】

1. 厚板专用黑金刚打孔器

2. 加大、大、中、小扁形打孔器

3. 大型打孔器

4. 中型打孔器

5. 小型打孔器

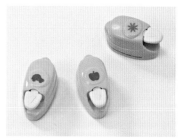

6. 迷你打孔器

7. 上压打孔器

8. 花边、角边打孔器

【纸材纸卡类】

1. 小荷叶造型纸卡（上）、纸板（下）

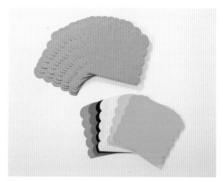

2. 小饼干造型纸卡（上）、纸板（下）

【其他工具】

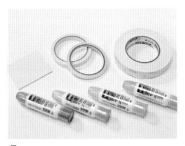

1. 泡棉胶、双面胶、白胶

2. 小印台、五色印台、布用印台

3. 卡片专用印章

4. 造型剪刀

5. 铆钉器、铜扣工具

6. 软垫与刺洞、击凸工具

7. 皮垫与击凸工具

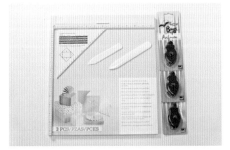

8. 画线板

【装饰配件类】

1. 各种造型两脚钉

2. 大、中、小各种水晶贴钻（纸艺专用）

3. 缎带（纸艺专用）

可爱、美丽的造型图案是如何做出来的？您不必再辛苦将一张张图案用剪刀剪出来，使用方便的打孔器，咔嚓一声立刻即可压出各种想要的图案，再用巧思将之粘贴组合。若表现有高低的层次感，可粘一些泡棉胶（由下往上依序组合）。一起来试试看吧！（以下示范均列出打孔器的货号，您可查阅P.80~89的图款）

熊

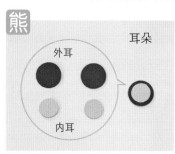

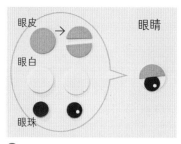

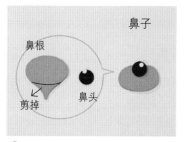

1. 外耳（059）、内耳（043），各做2片。

2. 眼皮（043）→剪成2个半圆，眼白（043）、眼珠（045）、光点（立可白点白色），各做2片。

3. 鼻根（64503）→修掉尖端成椭圆形，鼻头（043）、光点（047）。

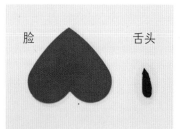

4. 大爱心（WP07）→脸，红舌头→直接修剪，取钝端即可。

5. 大爱心（WP07）→脸，红舌头→直接修剪，取钝端即可。

狗(1)

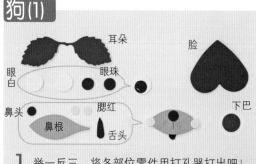

1. 举一反三，将各部位零件用打孔器打出吧！

耳朵：玫瑰叶片（64502），做2片。
眼睛：眼白（043）、眼珠（044），各做2片。
鼻子：鼻根（XL-020）、鼻头（045）、腮红（046）。
舌头：自行修剪。
下巴：043。
脸：WP07。

2. 再依序组合即可。

幽灵

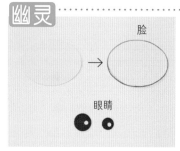

1. 脸：大椭圆形（WP23）→先描出黑边阴影或用银色印台刷上色。眼睛：大眼（043）、小眼（044），用047打小孔。

2. 下巴：车票（L-02）→修剪成正方形，再描黑边阴影。蝴蝶结、鼻子：剪成适当形状。

3. 将各部分粘贴在适当位置，再剪黑色条状贴于下巴作为牙齿即可。

蝙蝠

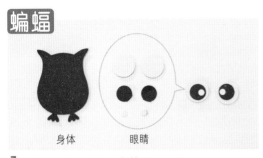

身体　　　眼睛

1. 身体：XL-009，先剪掉两只脚。
眼睛：眼白（043）、眼珠（044）、光点（047），各做2份。

翅膀

2. 翅膀：大圆形（WP01）→对折→用WP26咬掉下方，再用059咬掉上方局部。

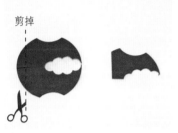

剪掉

3. 展开如图（左），再修掉左侧的圆弧，上下对称剪开，即为两边的翅膀。

翅膀

身体

4. 把翅膀贴于身体下方。

5. 最后贴上眼睛、嘴巴即可。
※眼睛可参考P.9的变化。

狗(2)

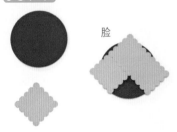

脸

1. 脸：大圆形（XL-001）、方形饼干（XL-007）3片，先组合成右图。

耳朵

2. 耳朵：花瓣（XL-020）2片。
眼睛：白眼圈（059）、蓝眼白（043）、黑眼珠（047），再将眼睛、耳朵贴于适当位置。

鼻子

舌头

3. 鼻子：大爱心（WP07）、小爱心（028），画上黑斑点装饰。
舌头：水滴（037），贴于鼻子下方。

4. 蝴蝶结：小爱心（028）2片。

5. 最后以泡棉胶将鼻子加高，贴于适当部位即可。
粘在回形针上作装饰吧！

笨鸟

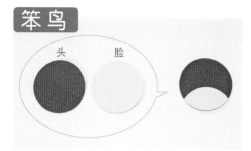

1. **头**：大圆形（WP01）。
   脸：大圆形（WP01），取局部弧形贴于大圆形上，再沿着圆边修剪。

2. **眼睛**：红边、眼白（043），眼珠（046），各做2片。

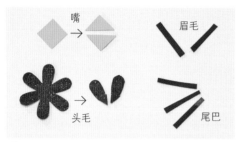

3. **嘴**：菱形剪成两个三角形，呈上、下尖嘴。
   头毛：和风花片（19A），取局部2片。
   眉毛与尾巴：自行修剪成长条状。

4. 最后将各部分组合粘贴在适当位置即可。

笨猪

头：WP23。
耳朵：23A、046、045。
眼睛：眼白044、眼珠047。
眉毛：自行修剪或用花边（B21）。
掉下的小碎片。
鼻子：043。
嘴巴：044。

P.56 还有不同神态的鸟和猪喔！

8

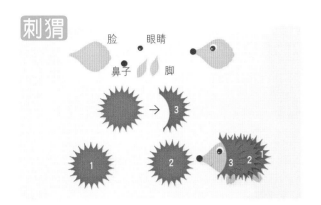

刺猬

 ▼ 举一反三的刺猬作品

脸：大花瓣（XL-020）。

眼睛：眼白（044）、眼珠（045）、光点（047）。

鼻子：045。

脚：长形花瓣（XL-020）2片，以花边剪刀剪出脚趾。

身体：大刺猬身体（MEP25）3片，从下往上贴第1、2片，再将第3片用打孔器（WP23）咬掉一半，粘贴在身体最上方。

▲ 加个回形针吧！

眼睛的变化

主体：先用B26剪一整排，再用WP23剪下即可形成身体。

不同的眼睛变化，就有不同的表情效果喔！

铜扣、两脚钉的使用

铜扣的钉法

1. 将纸张置于切割垫上操作。选好要固定的位置后，把弹力钉黑色端垂直稳固在纸张上，往上拉动弹簧孔再放开，即可打出一个圆洞。

2. 将铜扣由下往上穿入洞内（扁头朝下）。

3. 弹力钉金属头对准铜扣突出小圆孔，垂直稳固后，拉动弹力钉敲打至圆口向外翻开固定即可。

4. 完成。

两脚钉的固定

1. 将纸张置于软垫上操作，先用针笔扎个孔。

2. 将两脚钉从正面穿入。

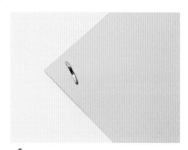

3. 在纸的背面把两脚扳开压平。

4. 完成。

习作篇

当您会组合可爱的造型图案后，
就把它运用在卡片纸上，
发挥您的构图巧思，
每张卡片都是创意舞台喔！

忠心爱您

01 (11.5cm × 12.5

02 (15cm × 15cm)

03 (15cm × 10.5cm)

Love you so much

P.S 本书的作品尺寸，均为正面的
宽度×高度（单位：cm）。

★ 使用打孔器编号：
No.01：XL-020、XL-007.WP-07、043、047、
　　　 045、028、037
No.02：WP25、09A、037、043、045、047、64502
No.03：B41、21A、027

刺猬家族

绝不刺伤您的刺猬，
要教您如何保护自己！

04 (15cm × 15cm)

05 (9cm × 13.5cm)

06 (10cm × 5.5cm)

★使用打孔器编号：
No.04：XL-020、MP85、045、047、SC-06
No.05：XL-020、MEP25、07A、XL-026
No.06：XL-020、WP26、WP25、028、045、047

超Q动物书签

一群森林中的动物，
都纷纷跳到书夹上啦！
让小小的回形针，有了动物的欢笑，
也多了看书的趣味！

★使用打孔器编号：
No.07：XL−018、WP28、059、046
No.08：07A、059、043、L−03、4
No.09：WP23、037
No.10：WP25、043、01A、06A、037、044

07

08

09

10

Cute animals

温馨动物园

来个3D橱窗布置吧！
可爱的动物们正唤起你的童心⋯⋯

★使用打孔器编号：
No.11：WP01、01A、09A、017、028、043、044、047、056
No.12：XL-010、XL-015、WP23、B46、013、028、043、
　　　 044、047
No.13：WP01、01A、06A、L-03、043、044、045
No.14：01A、06A、035、044、045、054

12 (11cm × 16cm)

13

11

HAPPY
BIRTHDAY

14

由衷的感谢您

五月是个充满感恩的月份，
向伟大的妈妈说声我爱您！
妈妈温暖的笑脸，一直都在我心间。
妈妈辛苦了！

Thinking of you~

15
(10cm × 15cm)

17 (10cm × 15cm)

16 (13cm × 13cm)

18 (10cm × 12cm)

★使用打孔器编号：
No.15：XXL-01、XL-004、XL-016、059、07A
No.16：WP07、B26、AF-02
No.17：WP28、WP25、XL-013、XL-003、B41、059
No.18：B44、064、028、07A

特别的祝福

20 (15cm × 11cm)

19 (11cm × 15cm)

bon voyage!

OBRIGADO DOMO
THANKS DANKESCHÖN igracias! ARIGATO
mercimerci! grazie! merci
GRAZIE merci
THANKS
SO MUCH
GRACIAS DOMO ARIGATO
MERCI danke THANK YOU
BEAUCOUP merci DANKE

22 (15cm × 10cm)

you are so...
gorgeous

friend

21 (9cm × 7cm)

无论您到哪里，我的祝福就跟到哪里。
别忘了，这来自远方的心意……

★使用打孔器编号：
No.19：BC03、29A、XL-018、XL-020
No.20：B40、B26、印章
No.21：刀模、印章、78
No.22：B35、B37、XL-011

午茶时间

23 (11cm × 15cm)

24 (15cm × 11cm)

清新的小花、柔和的色彩及别致典雅的双结腰带；
简单，却有深深的祝福，
就让我们来享受午后时光吧！

★使用打孔器编号：
No.23：SC02、WP31、07A、WP23、B40
No.24：WP28、XL-021、027、059、043

深情的礼物 ♥

25 (15cm × 11cm)

26 (19cm × 14cm)

Gift for you

无论手描还是盖印，
只要有我的手作指纹，就是深情的祝福！

★使用打孔器编号：
No.25：XL-021、XL-002、07A、WP28
No.26：B46、B34、XL-005、XL-016

花精灵之舞

28 (15cm × 10cm)

充满笑容的卡片，
带来快乐与欢喜的心情，
小精灵们也愉快地跳起了幸福之舞！

Flowers dancing

27
(15cm × 11cm)

★使用打孔器编号：
No.27：B33、WP29
No.28：WP25、WP26、07A、25A、刀模叶子

For you 书签

可爱的猫头鹰、狮子和小花朵们，
都纷纷跳出来迎接您啦！
除了卡片，活动式书签也是创意的选择。

29 (11cm × 15cm)

30 (11cm × 15cm)

★使用打孔器编号：
No.29：BC02、19A、24A、045、WP28、
　　　 WP25、AF-01、WP26
No.30：XL-018、WP28、07A、25A、印章

21

微笑的宝贝 ⌣

31 (11cm × 11cm)

32 (15cm × 10cm)

Smile baby ✳

就爱这款像太阳般笑容的花朵，多打几个，
让收到卡片的朋友心花朵朵开……

★使用打孔器编号：
No.31：WP25、WP26、07A、25A、印章
No.32：同No.31

微笑的兔子

喜欢兔子喜欢花，
这款打孔器协助您圆个手作梦……

★使用打孔器编号：
No.33：WP07、09A、028、037、045、046
No.34：WP25、WP26、07A、25A
No.35：XL–020、64512

33

34
(15cm × 11cm)

35

万用卡

森林中充满着小动物的欢笑，
风中带着平静与祥和，
让森林变成了快乐的天堂……

36 (11cm × 15cm)

38 (11cm × 15cm)

37 (9cm × 10.5cm)

wish....
big

our friendship is forever

Lovely card

★使用打孔器编号：
No.36：WP23、B46、013、XL-015、028、043、044、
　　　047、XL-010
No.37：XL-018、WP28、059、046、B20
No.38：XL-001、XL-003、WP25、01A、064、059、L-03

彩虹冰淇淋

夏日到了，
卡片也可以变得更冰凉喔！

39 (11cm × 15cm)

41 (15cm × 11cm)

enjoy your day

★使用打孔器编号：
No.39：XL−003、WP26、
　　　　L−03、027、B35、
　　　　XL−014
No.40：B34、L−03、WP23、
　　　　WP25、XL−014
No.41：L−03、WP23、XL−014

40 (17.5cm × 10.5cm)

happy 🍦 day!

秋之颂

44 (20cm × 15cm)

秋风一吹，
让大地换上成熟的色彩，
就像夕阳笼罩大地，
让人眼睛为之一亮。

Beautiful
autumn

43

42 (15cm × 11cm)

★使用打孔器编号：
No.42: SC-02、B33、XL-010、XL-012、XL-004
No.43: 014
No.44: B36、B26、SC-06、WP29、066、27A

春之礼赞

春暖花开的季节里，
花儿与虫儿都醒了，
那您呢？
一起来加入这场盛宴吧！

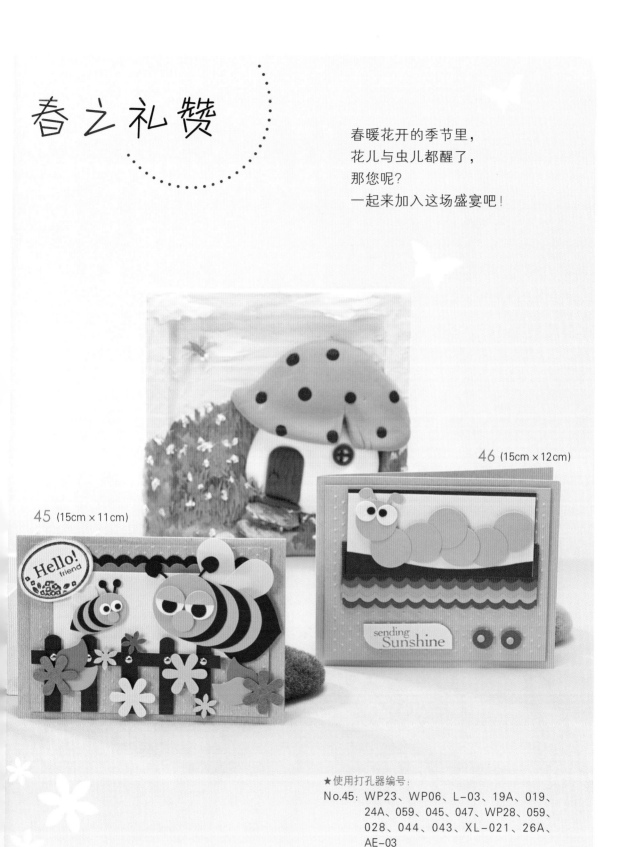

45 (15cm × 11cm)

46 (15cm × 12cm)

★使用打孔器编号：
No.45：WP23、WP06、L-03、19A、019、
24A、059、045、047、WP28、059、
028、044、043、XL-021、26A、
AE-03
No.46：B26、M-01、043、044、046、065

★使用打孔器编号：
No.47：WP29、B34
No.48：刀模1000011-12、
　　　　1200691
No.49：19A、22A

48 (9cm × 9cm)

47 (15cm × 11cm)

You're a
Great Friend

be
everlasting

49 (16cm × 10cm)

Friendship

友情万岁

花开花落，万物不变的真理。
祝福我们的友谊，永不凋谢！

清凉一夏

*

我不是井底之蛙，我有宏阔的视野。
我看到的海里，是个清凉、美丽又神祕的世界。

50 (19cm × 15cm)

51 (15cm × 15cm)

merry everything

★使用打孔器编号：
No.50：002、004、005、006、054、B40、WP17、CPA-42
No.51：WP23、XL-001、XL-012、WP28、WP01

新婚快乐

Happy wedding

在人海中起起伏伏，爱是唯一的地图；
你让我看见，幸福原来并非遥不可及。
只要拥抱过的都有美丽风景，那就是爱……

52 (13cm × 13cm)

我们要结婚了
Our Wedding
Your Party

★使用打孔器编号：
No.52：XL-016、WP07、WP28、
　　　　B46、B26、09A、028
No.53：XL-016、WP07、WP28、
　　　　09A、028、SC-06
No.54：WP25、WP26、B40、09A、
　　　　028

53 (13cm × 13cm)

我们要结婚了
Our Wedding
Your Party

54 (15cm × 11cm)

春天里的花朵，跳着迎春舞，
幸福的鸟儿纷纷被花香吸引而来，
一同快乐地迎接春天吧！

55 (11cm × 15cm)

56 (14cm × 14cm)

57 (10cm × 15cm)

Happiness bird

幸福鸟

★ 使用打孔器编号：
No.55：B40、B26、M-01、XL-015、WP25、
    WP28、066
No.56：XL-016、XL-004、XL-017、WP16、07A、
    059、XL-015
No.57：XL-015、B33、L-02、SC-06、17A、019

缤纷花世界

美丽的花儿就如满满的爱，
将祝福的话语都写在卡片上，
送给我爱的人……

Beautiful
flower world

59 (12cm ×

58
(9cm × 9cm)

★使用打孔器编号：
No.58：01A、23A、06A、013、017、02
043、044、046、047、CPA-42
No.59：23A、028、064

花之恋

爱花成痴的朋友啊，
可曾感受到我温馨的祝福？

61 (13cm × 15cm)

60 (11cm × 15cm)

Flower of love

★使用打孔器编号：
No.60：XXL-01、XL-018、XL-016、XL-004、
　　　　 WP26、07A
No.61：B40、BC01、XL-018、XL-020

62 (17cm × 14cm)

★使用打孔器编号：
No.62：WP23、AE-03
No.63：B40、WP30、B43、WP07
No.64：WP31、B42、B26、B35、B38

64 (10.5cm × 12cm)

63
(10.5cm × 12cm)

圆舞曲万用卡

像是在卡片上印上了快乐的歌声，
充满祝福的话语，让收到的朋友，
有股暖暖的感动……

Special card

快乐派对

可爱的猫头鹰和气球，
传递着我对朋友们的祝福，
仅看封面就能传递心意……

65 (12cm × 10cm)

67 (10.5cm × 10.5cm)

66 (11cm × 15cm)

★使用打孔器编号：
No.65：XL-014、B26、WP28、B35
No.66：WP28、28A、XL-008
No.67：XL-001、XL-011、L-02、
　　　　B35、062

Funny card

68 (12cm × 15cm)

69 (12cm × 15cm)

★使用打孔器编号：
No.68：XL–001、XL–003、
XL–021、WP27、
055、B18
No.69：XL–008、XL–015、
XL–001、WP17、
XL–016、XL–004

趣味拉拉卡

充满节日氛围的立体拉拉卡，
好玩又温馨！

百变猫头鹰

星光灿烂的夜里，
森林里依然有小动物们的舞动；
猫头鹰尽职地守候，
让森林变成一个不夜城！

Lovely style

★使用打孔器编号：
No.70：WP28、XL-008、WP26、03A、XL-004
No.71：XL-008、XL-004、016、L-01、WP16、15A

70 (20cm × 15cm)

71 (10cm × 10cm)

enjoy your day

72 (11cm × 11cm)

73 (10.5cm × 7cm)

★使用打孔器编号:
No.72: WP07、B37、AE-02
No.73: WP25、AE-01

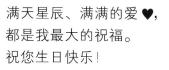

爱您到永远

满天星辰、满满的爱 ♥,
都是我最大的祝福。
祝您生日快乐!

妈咪 I love you

我有一位守护神，
在我最需要她的时候，总是及时出现，
她会尽她最大的力量来帮助我。
谢谢您！妈妈，母亲节快乐！

74
(11cm × 15cm)

76 (11cm × 15cm)

75 (12cm × 15cm)

★使用打孔器编号：
No.74：XL-013、059、
　　　 043、WP30
No.75：WP29
No.76：XL-013、BC04、
　　　 XL-016

Happy 水族箱壁饰

Sea world

缤纷的海洋世界里，海豚们快乐地玩耍，
还有色彩缤纷的鱼儿和水中的动物们，
一起游玩与探险……

77 (20cm × 16cm)

★使用打孔器编号：
No.77：B26、002、003、004、005、
006、054、035、20A、031、
6、61、68、76

圣诞礼物

78 (13cm × 10cm)

送礼的人来喽！
解开缎带，礼物就在眼前……

★使用打孔器编号：
No.78：L-04、XL-007
No.79：WP23、XL-021、
　　　　XL-015、XL-012、
　　　　043、046
No.80：WP27、B26、
　　　　XL-016、WP31、
　　　　AE-01

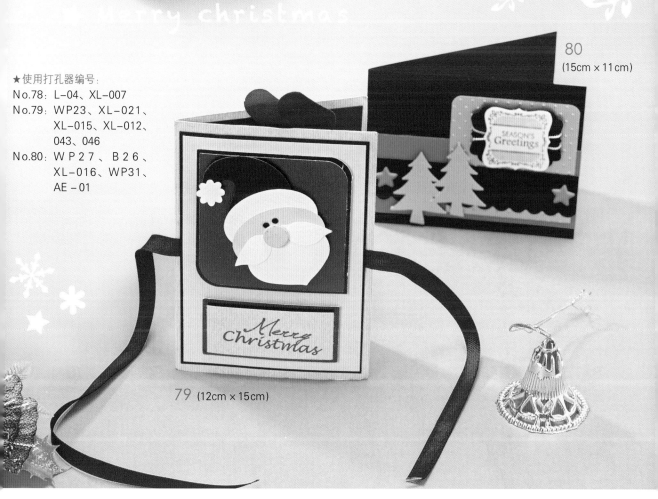

80
(15cm × 11cm)

Merry christmas

SEASON'S Greetings

Merry Christmas

79 (12cm × 15cm)

叮叮当圣诞节

雪花飘飘，我心火热。
祝大家圣诞快乐！

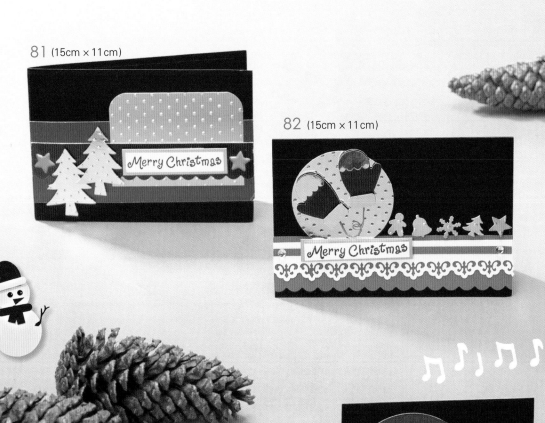

81 (15cm × 11cm)

82 (15cm × 11cm)

Merry Christmas

Merry Christmas

Christmas bells

83
(10cm × 13cm)

★使用打孔器编号：
No.81：WP27、B26
No.82：L-04、B26、055、027、036、
        024、030
No.83：XL-004、WP27、XL-011、
        027、21A、WP28、WP01

下雪了

等待着……可爱的圣诞老人，
悄悄送来了祝福……

86
(12cm × 15cm)

★使用打孔器编号：
No.84：L-04、027、XL-001、XL-005
No.85：WP25、WP28、WP23、XL-021、
043、046、B40、AF-03
No.86：L-02、XL-007、XL-008

84
(11cm × 15cm)

85
(12cm × 15cm)

调皮鬼

(15cm × 12cm)

幽幽的森林之夜，
大树上的蝙蝠们都聚在一块玩耍，
让沉静的森林顿时充满热闹气氛……

★ 使用打孔器编号：
No.87：XL-008、WP26、WP25、
WP01、01A、044、045、046
No.88：XL-008、WP-23、WP26、
B26、07A、045

WOW

90 (15cm × 12cm)

★使用打孔器编号：
No.89：WP17、XL–008、L–04、17A、07A、24A
No.90：WP17、WP23、01A、07A、XL–008
No.91：WP23、01A、L–02

91
(15cm × 12cm)

89 (15cm × 12cm)

哇！布鲁克

万圣节大家来变装，
幽灵、蝙蝠、骷髅头、女巫都聚在一起……
好恐怖哦……

福气来

Good luck

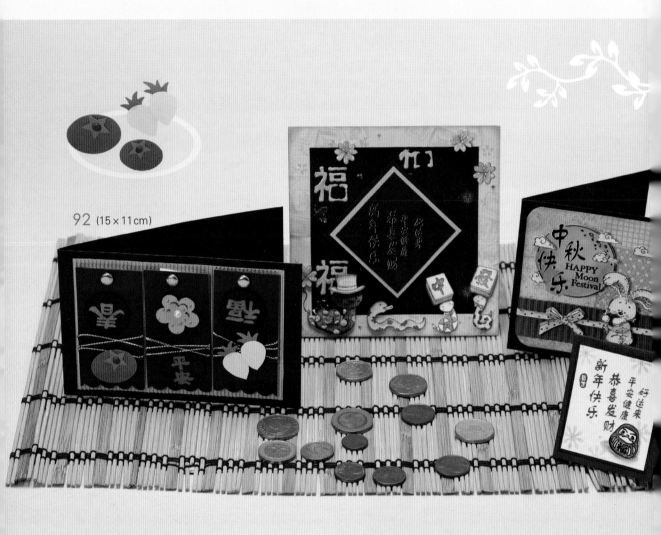

92 (15×11cm)

带有中国年味的春节贺卡，
橘子、金花、白萝卜摆一盘，
祝福大家新年快乐、福气连连！

★使用打孔器编号：
No.92：07A、01A、15A、
WP06、017、027、064

恭喜发财好运到

Happy new year

又是新的一年到来，
祝大家吉祥如意，恭喜发财！

94 (15cm × 11cm)

93 (10.5cm × 10.5cm)

95
(12cm × 15cm)

★使用打孔器编号：
No.93：XL–016、L–02、047、XL–001、
　　　　037、046、L–03
No.94：WP28
No.95：SC–06、WP28

风 情

甜蜜可口的蛋糕，夏日的海洋，冬天的欢乐……
随着时间变化，每一个季节都有不同的风情……

96

97

98

全幅：29.5cm × 21cm
小卡：8.3cm × 8.3cm

★ 使用打孔器编号：
No.96：B44、WP25、WP28、XL-014
No.97：XL-011、B40、004、054
No.98：030、WP27、B16、30A

祝 福

四季平安、年年有余、圣诞快乐、
每句真心的祝福都要呈现在您眼前!

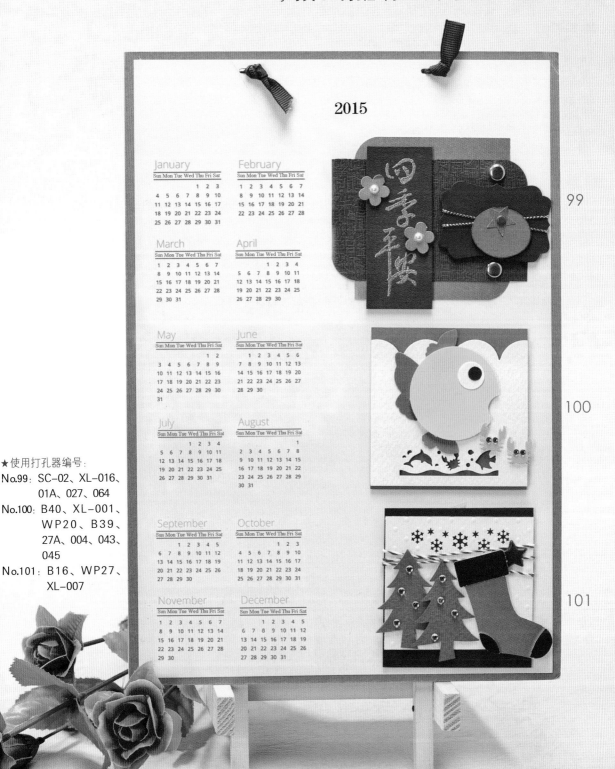

★使用打孔器编号:
No.99: SC–02、XL–016、
01A、027、064
No.100: B40、XL–001、
WP20、B39、
27A、004、043、
045
No.101: B16、WP27、
XL–007

人生

春天的花朵，夏天的太阳，冬天的雪人，
我在年历卜看到了季节的变化，人生不也是如此吗？

★使用打孔器编号：
No.102：SC-02、XL-018、WP28、
　　　　07A、25A
No.103：XL-001、XL-016、
　　　　XL-006、B26、017
No.104：B16、WP27、30A、28A

多功能留言板

☆作品提供 / Rita

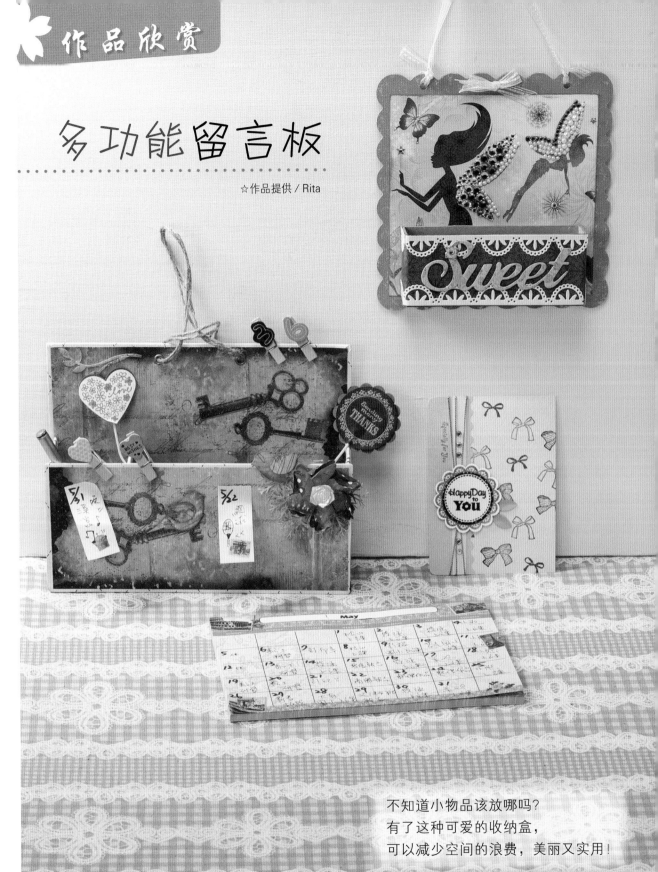

不知道小物品该放哪吗？
有了这种可爱的收纳盒，
可以减少空间的浪费，美丽又实用！

实用彩蝶
立体盒

简单可爱的蝴蝶和花朵，
看起来特别甜蜜可爱。
打开这个可以装入糖果的小纸盒吧！

小宝贝手工书

可爱迷人的手工小相册，
充满大大的回忆，幸福就在那一刻
——值得收藏一生……

珍藏的幸福回忆

Wonderful memorie

做一本充满幸福回忆的手工书吧！
打开就看到惊喜与回忆，
将生活的美好和幸福收藏在本子里！

Cute style

可爱人偶发型变化

可爱人偶——动作篇

造型打孔器——可爱动物篇

好玩的打孔器

Lovely
animals

详见 ➤ P.71

详见 ➤ P.66、67

造型卡片、礼物盒、拉拉卡、立体卡、手工相册……创意无限变化多，一起跟着老师动动手吧！

示范篇

详见 ➤ P.69

详见 ➤ P.73 ~ 76

详见 ➤ P.60、61

详见 ➤ P.63、64

I love my
daddy . . .

父亲节卡片

衬衫折法示范

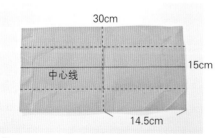

1. 准备一张30cm×15cm的长方形纸，如图示做折线。

30cm

15cm

中心线

14.5cm

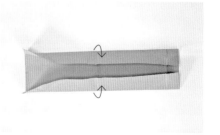

2. 上下两边沿虚线向中心线折。

60

3. 再如图横向对折。

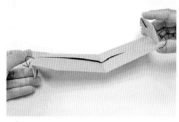

4. 两端如图折（左端山折，右端谷折）。

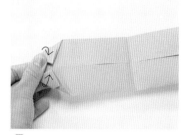

5. 左端两侧再往中心线斜折三角形。

8. 折好线3、4后，即可撑开压折，完成右侧折法（为袖口）。左侧维持原先的两个三角形（为领子）。

6. 右端如图往外折三角形，做折线1及2。

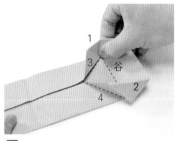

7. 右端再沿斜线1位置，折平行线3；沿斜线2位置，折平行线4（角落起点位置须与图4的右侧谷折线交集）。

袖口
领子

9. 沿原来的中间线折回来，用领子卡住肩颈部的位置，使之固定。

10. 即折成一件短袖衬衫。

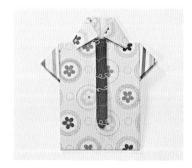

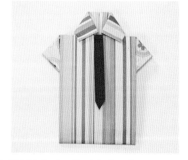

※ 掌握衬衫的折法后，您可挑选一张美丽的信纸，写好对父亲的祝福，再折成衬衫造型，最后在表面加上纽扣或领带等装饰品，就是一件很棒的父亲节礼物喔！（使用打孔器编号：043、黑金刚54-10040）

Surprising 礼物盒

Beautiful gifts

How to make

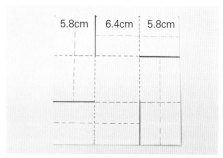

7cm	7cm	7cm

盒身

1. 蛋糕盒主体（21cm×21cm）：如图画出折线（虚线）与切割线（实线）。

5.8cm	6.4cm	5.8cm

2. 方形大蛋糕（18cm×18cm）：如图画出折线与切割线。

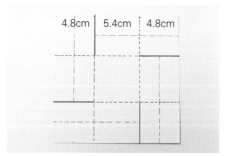

4.8cm	5.4cm	4.8cm

3. 方形小蛋糕（15cm×15cm）：如图画出折线与切割线。

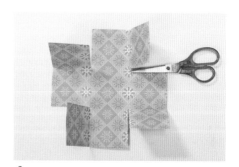

4. 将步骤1的蛋糕盒主体沿切割线剪开。

5. 四边折立起来，即完成盒身。

6. 同方法按"盒盖展开图"再剪一份。

7. 四个边如图折。

8. 再折立起来，粘贴成盒盖。

9. 完成一组盒身与盒盖。
※按前述方式，做好所需尺寸的方形大、小蛋糕盒备用。

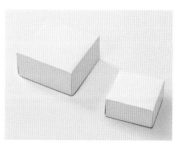

10. 同盒盖组合方式，按大、小方形蛋糕盒展开图，各做好1个盖子。

11. 叠起成两层蛋糕，再粘上花边图案装饰侧边。

12. 用印章、水钻、珠子等物件来装饰蛋糕，让蛋糕更吸引人。

13. 蛋糕包装盒身展开，将完成的蛋糕用白胶固定在正中央。

14. 盒身四周立起来，再盖上盒盖即可。

15. 最后系上缎带，加上小卡片装饰，完成作品。

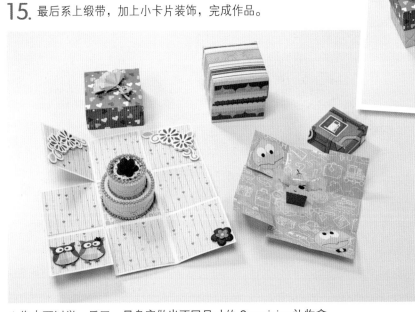

▲您也可以举一反三，量身定做出不同尺寸的 Surprising礼物盒。

惊喜拉拉卡

惊喜连连立体拉拉卡，
让每只猫头鹰都飞出来报平安！

Wonderful cards for you

How to make

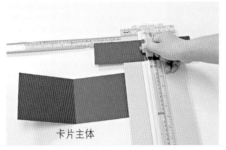

卡片主体

1. 准备卡片主体（26cm×11.5cm），先对折备用。拉拉卡（25cm×6.5cm），如图位置画好折线。

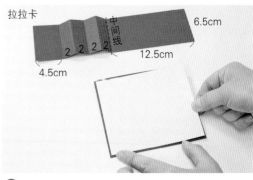

拉拉卡
中间线
6.5cm
2 2 2 2
4.5cm
12.5cm

2. 拉拉卡沿折线折好。卡片主体表面粘上米黄色纸（12.5cm×11）。

12cm   10cm   8cm

6cm

3. 另裁4张红色纸（依序为① 6cm×6.5cm，②8cm×6.5cm，③10cm×6.5cm，④12cm×6.5cm），与拉拉卡贴在一起（从最小的一张开始粘贴）。

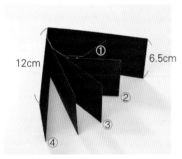

12cm   ①   6.5cm
②
③
④

4. 粘贴好如图。

5. 另打好装饰纸张（打孔器花边），如图粘在拉拉卡右侧位置。

6. 另取点色纸，用打孔器（WP26）打好，裁成半圆，再粘上对折的缎带（约7cm）。

7. 粘在拉拉卡右端，扎一小洞，用两脚钉固定。

8. 另裁一张红色纸（3.5cm×11.5cm）当作桥梁，如图覆盖拉拉卡与卡片主体。

9. 用两脚钉固定4个位置。

10. 拉拉卡的最小片（6cm×6.5cm）
向右粘在红色桥梁上。同时检查拉
拉卡是否折顺。

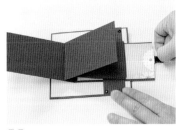

11. 抓住右侧缎带试拉看看，整
组卡片是否能平顺牵动？

12. 装饰图案：用打孔器打好
猫头鹰零件（XL-008，翅
膀WP26）。

13. 依序粘贴组合，完成猫头鹰。
（共4只，姿态可更改）

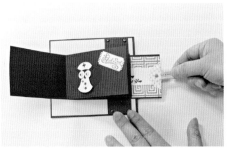

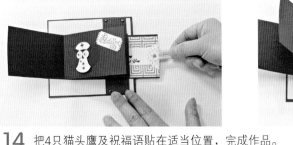

14. 把4只猫头鹰及祝福语贴在适当位置，完成作品。
（猫头鹰分别粘贴在拉拉卡4个页面上，可参考P.56做不同的变化）

▲ 往右一拉，每只猫头鹰连续飞出向您问候，惊喜立现！

三折立体卡

看看这世界越来越美丽，
圣诞歌声又回响在耳边；
美丽的白雪，
让四周充满了微笑与快乐，
祝福大家圣诞节快乐……

It is snowing

Lovely cards

How to make

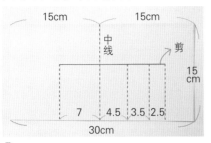

1. 在卡片（15cm×30cm）背面画好展开图，取中线约15cm。

2. 沿实线剪开，虚线折立起来；形成立体卡片主体。

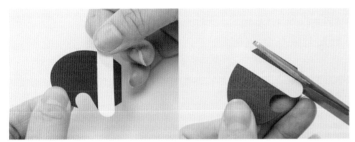

3. 雪人红帽子：用打孔器（WP23）打出大椭圆，再用打孔器（L-03）咬出缺口，另用（L-03）打出白色小冰棒棍，粘贴出帽檐，多出的红色修剪掉。最后在帽顶尖端粘上（XL-012）小花。

4. 雪人组合零件：
①白色身体（WP01+XL-001）
②红色围巾（L-03）2条，其中一条剪半
③咖啡色树枝形手（WP17），取局部使用
④黑眼睛（047）
⑤红嘴：剪出适合的三角形大小
⑥已粘贴好的帽子

5. 依序组合，完成雪人。

6. 圣诞老人

A 依序组合脸部：
①肤色脸（WP01）
②白色大胡子（XL-021）
③黑眼睛（047）
④白色八字胡（XL-015）
⑤肤色大鼻子（043）
⑥帽子可部分参考雪人帽做法
B 将帽子粘于头顶
即完成圣诞老人

7. 雪堆：①取2片白色纸条，用手撕出不规则形状
②再用浅蓝色印台颜料，刷出淡淡的融雪效果

8. 打出几颗绿色的圣诞树（WP27），最后将雪人、圣诞老人、圣诞树组合在卡片主体上即可。

甜蜜婚礼卡

你是我的最爱，
没有任何人能把你替代。
我要让你的生命只有甜和美，
与你约好携手到老。

How to make

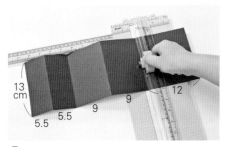

1. 准备卡纸（41cm×13cm），如图位置划好折线。

2. 依折线做好波浪折。

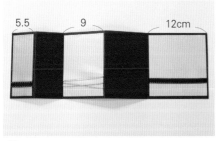

3. 另裁3张金卡（尺寸如图），粘贴在间隔位置，再粘贴缎带、金线装饰。

4. 再另做大、中、小三片爱心，依序粘上，并折回原先的波浪折。

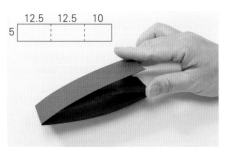

5. 腰带35cm×5cm，如图位置划折线并折好。

6. 最上面粘好装饰品。

卡片主体

腰带

7. 将腰带套于卡片主体即成。

美好记忆
手工相册

一张张精心制作，
就是要把记忆都小心收藏。
无论照片、书签、票根、便条……
都是我的最爱！

Collecting
Memories

How to make

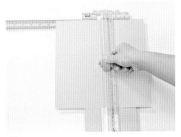

1. 内页（26cm×26cm）共16张。每张先在直、横13cm处，以裁刀划出折线（十字线）。

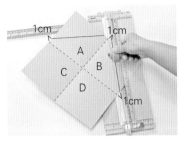

2. 十字线分成四个区块，在A、B块再划出折线（与十字线距离约1.5cm）。

3. 如图依折线折出三角形。

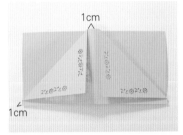

4. 展开，在三角形直角线边，以花边打孔器打出花边。

5. 如图位置，在三角形内侧各放入一张边长12cm的三角形纸（配色用），并在角落各扎一个洞。

6. 用两脚钉把纸张固定，折回原来的正方形，完成一份内页。其他15张也重复同样做法。

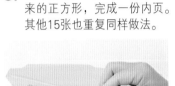

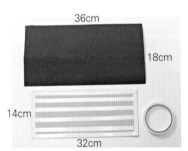

7. 封底：准备牛皮纸书皮（36cm×18cm）、厚纸板（32cm×14cm）各1张。先在厚纸板上贴好双面胶。

8. 如图将厚纸板粘贴于牛皮纸书皮上。

11. 同上述包边方式，再做左、右侧的封面。（牛皮纸书皮16cm×16cm，厚纸板13.5cm×13.5cm）

9. 四个边再粘贴双面胶，四个角先往内折成三角形。

10. 将边向内折，纸板包边，完成封底。

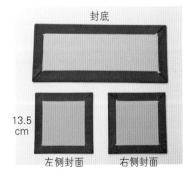

12. 在封面正面取一侧的中心点打洞，并钉上铜扣（左、右侧封面靠近中间，系缎带用）。钉铜扣做法详见P.10。

13. 在对称的那一侧也打出6个洞（间距要平均，连接上书脊，穿装订线用）。

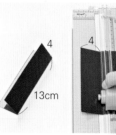

14. 衔接卡：准备8cm×13cm黑卡纸共14张，每张如图在中线划出折线后对折，并在内、外侧两边粘贴上双面胶。

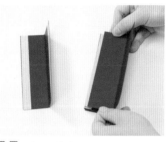

15. 把衔接卡对齐，重叠贴好成放射扇形，每7张贴成一片，共2片。

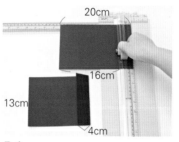

16. 蝴蝶页：准备20cm×13cm纸共2张，如图位置划出折线。

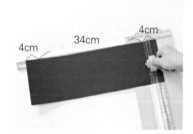

17. 封底黑卡：42cm×13cm，如图位置划出折线。

18. 先把封底黑卡与衔接卡贴好。

19. 把做好的16片内页，一张张地与衔接卡组合。最上面再加蝴蝶页。

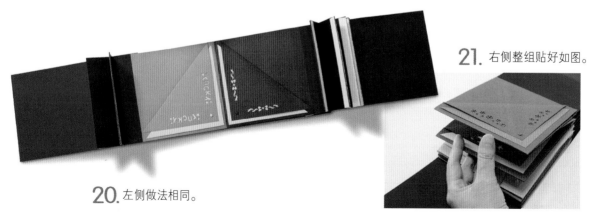

21. 右侧整组贴好如图。

20. 左侧做法相同。

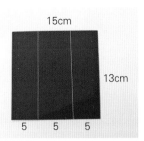

22. 书脊：准备13cm×15cm黑卡纸2张，如图位置划出折线。

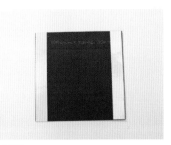

23. 在左右两边各粘贴上2cm的双面胶。

24. 将步骤11做好的封底与书脊对好位置，各打2排的6个洞。

25. 把书脊与封底的洞对齐。（书脊一侧要接合封面）

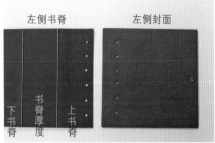

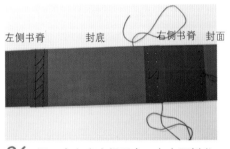

26. 洞口穿上鹿皮绳固定。左右两侧书脊同样做法。

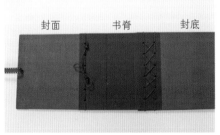

27. 左右两侧封面与书脊接合，同样穿绳固定（单排6个洞）。封面开关侧穿好缎带，完成封皮制作。

28. 翻至封面内侧，把组合好的内页加入，对齐。

29. 翻至封面内侧，把组合好的内页加入，对齐。

30. 可在封面外皮角位置加上书角，以防损坏并增加质感。

31. 最后用打孔器、印章等工具做好各部件，美化、装饰封面。

32. 完成作品。

▲ 左侧书脊

▲ 成品背面

▲ 成品正面

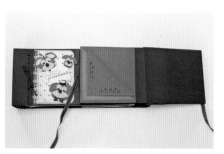

▲ 左右两侧皆可展开

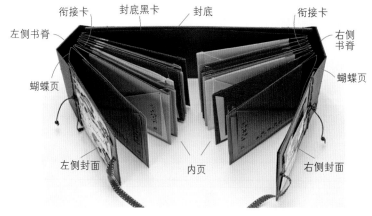

衔接卡　封底黑卡　封底　衔接卡

左侧书脊　右侧书脊

蝴蝶页　蝴蝶页

左侧封面　内页　右侧封面

工欲善其事，必先利其器。
现在就挑几款自己喜欢的打孔器图案，
创作美丽唯一的作品吧！

SU打孔器

L-01 蝴蝶

L-02 车票

L-03 小冰棒棍

L-04 直径2.5cm圆形

L-05 手套

XL-001 直径6.35cm大圆形

L-002直径5cm圆形

XL-003 超大圆形饼干花

XL-004 椭圆形花框

XL-005 大椭圆形

XL-007 方形饼干

XL-008 圣诞袜

XL-009 猫头鹰

XL-010 吊牌

XL-011 三角旗

XL-012 三朵花

XL-013 斧头(拉环)

XL-014 大蛋糕

XL-015 鸟与叶子

XL-016 古典框

XL-017 大五瓣花

XL-018 六瓣花

XL-019 三颗心

XL-020 花瓣

XL-021 圣诞灯

XL-026

角边打孔器

M-01 边长2.5cm角边

M-02 边长1.25cm角边

SC-02

SC-03

SC-04

SC-05

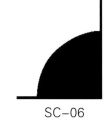

SC-06

花边打孔器

B01 花藤

B06 花语

B10 花絮

B11 梦梅

B13 结彩

B20 足迹

B21 风之谷

B26 荷叶边

B32 THANKS

B33 扇贝

B34 梦幻珍珠

B35 欢乐派对

B36 花之舞

B37 扇贝珍珠

B38 曼妙乐章(音符)

B39 海底世界

B40 峰峰相连

B41 格子趣

B42 LUCKY

B43 123ABC

B44 花花世界

B45 心手相连

B46 心动奇迹

L-30

XXL-01

角边全能(套组)打孔器

BC01 摇摆蕾丝

BC07 花样

BC02 水舞

BC03 青春

BC04 珍珠圆

BC05 香草集集

BC06 迎风

以"BC03 青春"图款操作示范:

1. 一个角边打孔器、一个花边打孔器为一组。

2. 在纸张角落用角边打孔器压出花纹。

3. 两侧用花边打孔器压出延伸的花纹。

4. 根据需要压出花边的长度。

5. 即完成角边与花边合一的做法。

小型打孔器

002 海豚

003 丁香鱼

004 螃蟹

005 神仙鱼

006 海马

008 小熊

012 小鸡

013 熊掌

014 枫叶

016 小叶子

017 小草

019 小雏菊

021 小花

023 天菊

024 杉木

027 小星星

028 小爱心

029 太阳(1)

030 小铜铃

031 三心

034 番茄

035 小螺旋

036 雪花

037 水滴

041 太阳（2）

043 小圆形(1)　　044 小圆形(2)　　045 小圆形(3)　　046 小圆形(4)

047 小圆形(5)　　051 圣诞叶　　052 幸运草　　053 莲花

054 小白云　　055 姜饼人　　056 手套　　057 餐具(刀叉)

059 小圆形（6）　　029 太阳（3）　　063 五片叶　　064 小雪梅

065 音符

066 小蝴蝶

中型打孔器

01A 对话框

03A 枯树

04A 圣诞树

06A 中螺旋

07A 中圆形

09A 爱心

10A 雪花

12A 相思

15A 中雪梅

17A 中雏菊

18A 中邮票

19A 和风

20A 焦点

21A 中星星

22A 中枫叶

23A 中梅花

24A 中叶子

25A 开心笑脸

26A 樱桃

27A 中蝴蝶

28A 雪人

29A 花蝴蝶

30A 气球

84

大型打孔器

WP01大圆形

WP04 蜻蜓

WP06 大梅花

WP07 大爱心

WP10 旋转木马

WP12 纸框吊牌

WP16 大雪梅

WP17 大枯树

WP18 大邮票

WP19 大雏菊

WP20 大蝴蝶

WP21 大星星

WP22 大枫叶

WP23 大椭圆形

WP25 扇边圆形(直径15cm)

WP26 扇边圆形(直径28cm)

WP27 圣诞树

WP28 圆形

WP29 樱花

WP30 方形饼干

WP31 荷叶

Mini 迷你打孔器

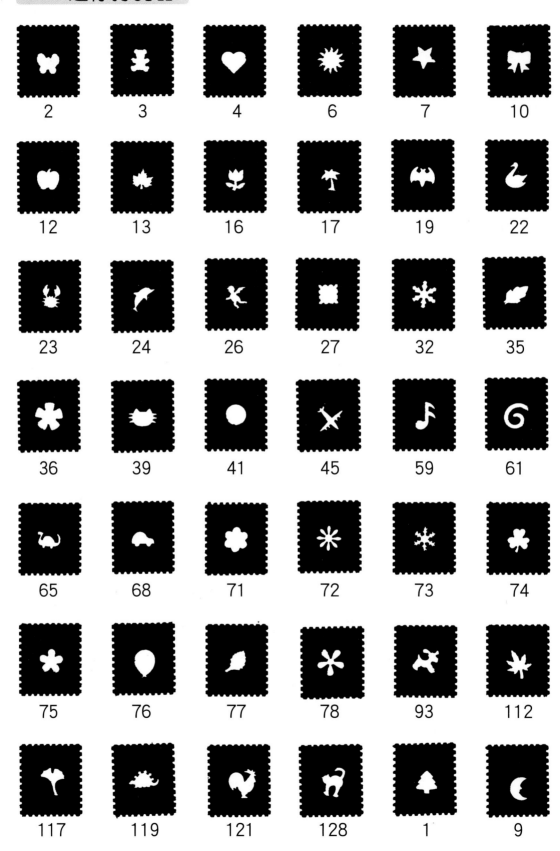

2   3   4   6   7   10

12   13   16   17   19   22

23   24   26   27   32   35

36   39   41   45   59   61

65   68   71   72   73   74

75   76   77   78   93   112

117   119   121   128   1   9

立体花朵打孔器

【玫 瑰】

64500

64501

64502

64503

64504

【百 合】

64510

64511

64512

【绣球花】

64520

64502

【牡 丹】

64530

64531

64532

64533

64534

64535

【其 他】

MP85 小刺猬身体

MEP25 大刺猬身体

CPA-42 松枝

87

标签小卡片

AE-01
可搭配打孔器WP31

AE-02
可搭配打孔器WP30

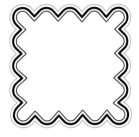

AE-03
可搭配打孔器WP23

AE-04　可搭配打孔器 WP18、WP30